内蒙古自治区科学技术协会科普专项资助

内蒙古野菜之味

高润红　杨永志　铁牛　著

远方出版社

图书在版编目 (CIP) 数据

内蒙古野菜之味 : 汉、蒙 / 高润红 , 杨永志 , 铁牛著 . -- 呼和浩特 ： 远方出版社，2020.11

ISBN 978-7-5555-1435-0

Ⅰ . ①内… Ⅱ . ①高… ②杨… ③铁… Ⅲ . ①野生植物 – 蔬菜 – 介绍 – 内蒙古 – 汉、蒙 Ⅳ . ① S647

中国版本图书馆 CIP 数据核字 (2020) 第 236290 号

内蒙古野菜之味

NEIMENGGU YECAI ZHI WEI

作　　者　高润红　杨永志　铁　牛
责任编辑　奥丽雅
责任校对　安歌尔
装帧设计　韩　芳
出版发行　远方出版社
社　　址　呼和浩特市乌兰察布东路 666 号　邮编 010010
电　　话　（0471）2236473 总编室　2236460 发行部
经　　销　新华书店
印　　刷　内蒙古爱信达教育印务有限责任公司
开　　本　145mm × 210mm　1/32
字　　数　96 千
印　　张　4.25
版　　次　2020 年 11 月第 1 版
印　　次　2020 年 11 月第 1 次印刷
印　　数　1—1 700 册
标准书号　ISBN 978-7-5555-1435-0
定　　价　42.00 元

编委会

前言

地球上除了被人们驯化引种的蔬菜外，还有种类丰富的可食野菜，在条件艰苦之时作为重要的救命粮和菜起到不可取代的作用。今天的蔬菜也是从野生可食植物驯化而来的，这些具备食用功能的根、茎、叶、花和果的野生植物被称为野菜植物资源。

《西游记》中记录了丰富的可食野生植物，第八十六回中描写樵夫为唐僧摆野菜餐，有：嫩焯黄花菜，酸虀白鼓丁。浮蔷马齿苋，江荠雁肠英。燕子不来香且嫩，芽儿拳小脆还青。烂煮马蓝头，白熬狗脚迹。猫耳朵，野落荜，灰条熟烂能中吃；剪刀股，牛塘利，倒灌窝螺操帚荠。碎米荠，窝菜荠，几品青香又滑腻。油炒乌英花，菱科甚可夸；蒲根菜并茭儿菜，四般近水实清华。看麦娘，娇且佳；破破纳，不穿他，苦麻台下藩篱架。斜蒿青蒿抱娘蒿，灯娥儿飞上板荞荞。羊耳秃，枸杞头，加上乌蓝不用油。在短短一段词里就出现30多种野菜，作者筛选一些有趣的植物名称增加了这段描写的诙谐性，比如，在植物名称中出现动物名称“烂煮马蓝头，白熬狗脚迹”，使野菜没有苦涩之感，反倒使人感到阵阵野味扑鼻。此外，还有马齿苋、雁肠英、猫耳朵、羊耳秃等类似的描写。

养育一代天骄的内蒙古高原，具有广袤的森林、草原、荒漠。在这些生态环境中，孕育着风味各异、老嫩软硬、苦辣酸甜、种类繁多的山珍野菜。

物竞天择，在进化的历程中经大自然的筛选，天赐的野菜种类呈现在我们面前。它们的生命活性和物质含量都保留着明显的优势。野菜的每个种类都有自己独特的风味，给人以不同的享受，确切地说，这些都是纯天然绿色食品，也深受广大健康美食爱好者的喜爱。

本书以科普性、实用性为宗旨，收录了本人从事自然生态考察过程中有过食用经历的全部材料，选取在内蒙古常见的和有特色的70多种食用野菜，介绍给美食爱好者。希望广大读者进一步了解内蒙古丰富的野菜资源，并在追求健康的道路上有所收益。

全书简洁明了地对每种野菜进行生物学特性描述，同时加附拉丁学名、别名、蒙古名、蒙古文，并对其分布区、生境、食用部位、食用方法、功效等进行描述。

在内蒙古地区应该还有更多的野生可食植物资源，但限于本人阅历和收集所限，无法全面收录，特别是一些可食野生真菌类未能纳入本书范围，是本次图书编写中的一个遗憾，但愿在今后能更全面地收集并呈献给大家，更好地发挥这些植物的价值。

本书蒙古名和蒙古文的编写由内蒙古农业大学铁牛教授完成；图片前期处理由内蒙古农业大学杨永志讲师完成，过程中得到内蒙古林草局科技处原处长白彤的有益建议；内蒙古党政机关食堂厨师张屹师傅对烹调加工过程给予了大力指点，并提供了发菜食品图片。同时，感谢为本书出版提供便利条件和宝贵意见的同仁和友人。

高润红

2019年7月12日于青城

目 录

1. 蕨菜

学名：蕨（*Pteridium aquilinum* L.）

别名：拳头菜、长寿菜、山野菜

蒙古名：敖衣麻

蒙古文：ᠣᠶᠢᠮᠠ

识别要点

蕨是蕨科蕨属植物刚出土的幼嫩地上茎，密被锈黄色柔毛，以后逐渐脱落。叶干后近革质或革质，暗绿色。分布于中国各地，生长于山地阳坡及森林边缘阳光充足的地方。

嫩芽

全株

肉丝炒蕨菜

肉丝尖椒炒蕨菜

食用技巧

嫩茎叶可食，称蕨菜，因其具有重要的保健作用而又被称为“长寿菜”。春天采摘新鲜的未展叶的嫩蕨菜，洗净，用开水焯 2 ~ 3 分钟，过凉水冷却后即可食用。焯后的蕨菜可用于凉拌、炒菜和炖菜。东北地区用蕨菜与鸡肉炖蘑菇，味道更佳。焯水后可与肉丝、肉片进行炒菜或炒鸡蛋均可，也可焯水后晾干或用盐腌制长期保存，以备食用，市场上也有用盐腌制的罐头。常见的吃法有蕨菜炖鸡、蕨菜炒鸡蛋、凉拌蕨菜等。同等可食的蕨类植物还有野鸡膀子或黄瓜香（荚果蕨：Matteuccia struthiopteris）。

切记，蕨菜不可生食，不可采摘后直接食用或不用水焯食用，易中毒。

林区传统的笨鸡蛋、韭菜花与炒蕨菜

市场上出售的蕨菜

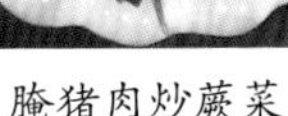

腌猪肉炒蕨菜

小鸡炖蕨菜

拓展认知

《诗经》：“陟坡南山，言采其蕨。”古有伯夷、叔齐不食周粟，采蕨薇于首阳山的故事，因此，后世以采蕨薇为清高隐逸的象征。

《齐民要术》记载吃蕨菜的方法是，二月间采集，制成干菜，放到秋冬时食用。《本草纲目》记载吃蕨菜的方法是，采取嫩茎，用灰汤煮去黏液，晒干当菜吃。

功　效

蕨菜全株均可入药，祛风湿、利尿、解热。

2. 麻黄

学名： 草麻黄（*Ephedra sinica* Stap.）

别名： 麻黄、麻黄草

蒙古名： 哲根日根讷

蒙古文： ᠵᠡᠭᠡᠷᠭᠡᠨᠡ

识别要点

草麻黄为麻黄科麻黄属草本状灌木，丛生，枝具节，叶 2 裂，果成熟时苞片肉质呈红色。分布于内蒙古全区，生长于丘陵坡地、草原和沙地。

生长在丘陵山地的草麻黄

生长在沙地的草麻黄

食用技巧

果可适量食用，可生食或与糖拌食。

功　效

发汗散寒，宣肺平喘，利水消肿。

3. 杨树叶

学名： 小叶杨（*Populus simonii* Carr.）

别名： 杨树、明杨

蒙古名： 宝日 – 毛都

蒙古文： ᠪᠣᠷ ᠮᠣᠳᠣ

识别要点

小叶杨为杨柳科杨属落叶乔木，小枝有棱角，红褐色，叶菱状卵形，边缘具细锯齿，上面绿色，下面淡绿白色。分布于内蒙古全区，生长于丘陵和河谷。

食用技巧

春季叶萌发，采摘嫩叶焯水后，凉水浸泡 3 ~ 5 小时即可食用，可凉拌或制馅食用，其味略苦。

焯后去水的嫩叶

去杂质的嫩叶

焯水

炝锅

拌调料

凉拌杨树叶

功　效

消炎利水，清热解毒，扑损瘀血，妊娠下痢作用。

4. 柳树叶

学名：旱柳（*Salix matsudana* Koidz.）

别名：河柳、羊角柳、白皮柳

蒙古名：噢答－银－那布其

蒙古文：ᠤᠳᠤ ᠶᠢᠨ ᠨᠠᠪᠴᠢ

识别要点

旱柳为杨柳科柳属落叶乔木，枝斜向上生长，叶披针形，具细锯齿，两面无毛，上面深绿，下面苍白。分布于内蒙古全区，生长于河岸、山谷沟边。

雌花序

雄花序

春天萌发的嫩枝叶

采摘嫩叶

食用嫩枝叶

食用技巧

春季叶萌发，采摘嫩叶焯水后，凉水浸泡 3 ～ 5 小时即可食用，可凉拌或制馅食用，其味略苦。

焯水　沥干

拌调料　凉拌柳树叶

功　效

消肿止痛，收敛止血，清热解毒，利湿消肿。

5. 榆钱

学名：榆（*Ulmus pumila* L.）

别名：白榆、榆树、榆钱、家榆

蒙古名：卓嘎

蒙古文：ᠵᠢᠭᠠ

识别要点

榆为榆科榆属落叶乔木，单叶互生，基部稍偏斜，花先叶开放，紫红色。翅果近圆形，黄白色。因其形状圆薄似钱，色白成串，故得名“榆钱”，又由于它是“余钱”的谐音，吃之有生财之说。蒙古语称其为“卓嘎”，也有钱财的意思，与“榆钱”的称谓惊人的相似。

花

全株

食用技巧

可生食（但注意虫子及虫卵），也可把新鲜榆钱洗净，放盐及其他调味料拌食；可用之炒鸡蛋，或沾面（或鸡蛋）后炸食，或与大米、小米熬粥，或与面粉相拌蒸食、炒食均可。

取榆树树皮，去掉外面枯死的部分，将贴近树干的新鲜部分（即韧皮部）晾干并粉碎成面，与面粉混合可制成面条食用或蒸食，是缺粮年代重要的救命粮，同时还能增加面食的韧度。蒙古族把榆树皮晒干粉碎之后拌荞面等，增加面的弹性和口感，蒙古语称“多日斯”。

采摘榆钱生食

洗干净

可用于菜品点缀

榆钱果

拓展认知

刘绍棠所写散文《榆钱饭》收录在中学课本，可见榆钱的魅力。

榆钱粥

榆钱煎饼

功　效

榆钱具有通淋、消除湿热等功效，主治妇女白带多，小儿疳积羸瘦；外用可治疗疮癣等顽症。中医认为，多食榆钱可助消化、防便秘。

6. 哈拉海

学名： 麻叶荨麻（*Urtica cannabina* L.）

别名： 焮麻、螯麻子

蒙古名： 哈拉盖、哈拉海

蒙古文： ᠬᠠᠯᠠᠭᠠᠢ

识别要点

麻叶荨麻是荨麻科荨麻属多年丛生草本植物，茎具纵棱和槽。叶片轮廓五角形，上面常只疏生细糙毛，后渐变无毛，下面有短柔毛，在脉上疏生刺毛。分布于内蒙古全境，为中生杂草。

蜇人的茎叶

全株

春天萌发的嫩叶

嫩叶

食用技巧

采摘其顶端之嫩茎叶，食用前均须焯水。用开水焯2～3分钟，再用凉水浸泡后可凉拌食用，或与土豆、排骨、豆腐等炖汤食用，也可制馅食用。有些地方用荞面与哈拉海做“哈拉海拌汤”，口味更佳。常见吃法有哈拉海排骨炖土豆、哈拉海土豆汤、哈拉海焯水蘸酱、凉拌哈拉海等。由于荨麻刺毛扎人后导致疼痛，因此采摘和清理时要有防护措施。

哈拉海炖土豆条

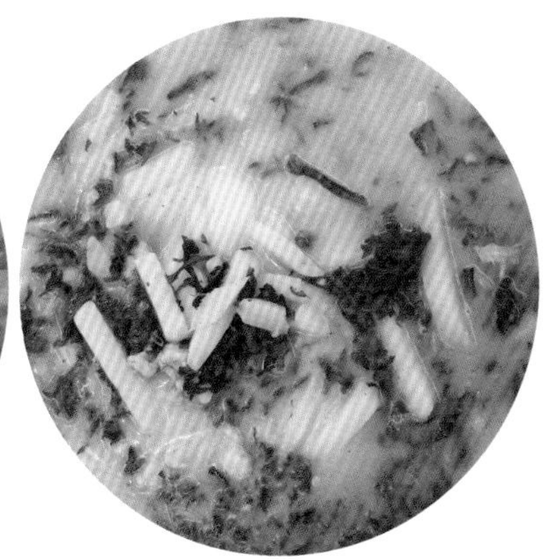

哈拉海土豆粉条汤

拓展认知

宋代《图经本草》中记载：荨麻全草可以入药，其味苦、辛，性温，有小毒。具有祛风定惊、消食通便之功效。李时珍《本草纲目》记载："其茎有刺，高二三尺，叶似花桑，或青或紫，背紫者入药。上有毛芒可畏，触人如蜂虿螫，以人溺濯之即解，有花无实，冒冬不凋。投水中，能毒鱼。气味辛、苦、寒，有大毒。吐利人不止。主治蛇毒，捣涂之（苏颂）。风疹初起，以此点之，一夜皆失。"

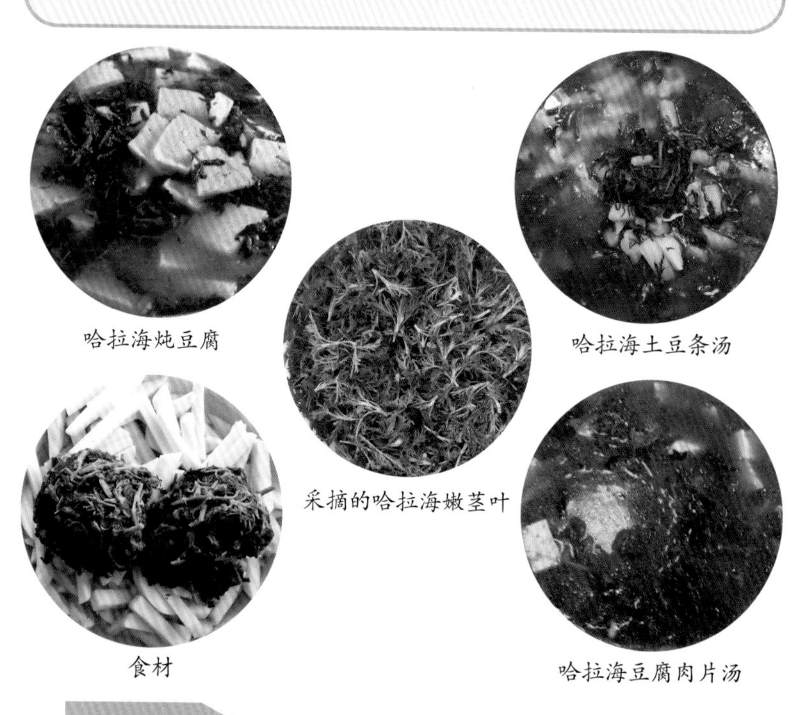

哈拉海炖豆腐

哈拉海土豆条汤

采摘的哈拉海嫩茎叶

食材

哈拉海豆腐肉片汤

功　效

全草可入药，治风湿、糖尿病，可解虫咬等。

7. 酸不溜

学名： 叉分蓼（*Polygonum divaricatum* L.）

别名： 酸不溜

蒙古名： 希没乐得格

蒙古文： ᠰᠢᠮᠡᠯᠳᠡᠭ

识别要点

叉分蓼是蓼科蓼属多年生草本植物。茎直立，自基部分枝，呈二叉形。叶披针形或长圆形，嫩茎叶味酸。采摘嫩茎叶，剥皮后茎可生食或焯水后凉拌。内蒙古中东部山地和草原均有分布，生长于山坡草地、山谷灌丛。此外，还有酸模叶蓼（P.lapathifolium L.），叶上有一黑斑者，也可食用，分布区老乡也将其称为“酸不溜”。

可生食的嫩茎叶

功　效

可消食开胃。

8. 豆豆草

学名：扁蓄（*Polygonum aviculare* L.）

别名：扁竹、异叶蓼

蒙古名：布敦您 – 苏勒

蒙古文：ᠪᠣᠳᠣᠨ ᠤ ᠰᠦᠯᠡ

识别要点

扁蓄是蓼科蓼属一年生草本植物，叶线形至披针形，花 1 ~ 5 朵簇生叶腋，露出托叶鞘外，花梗短，基部有关节。内蒙古全区均有分布，生长于田野、路旁潮湿以及阳光充足之处。

嫩茎叶

功　效

清热利尿，祛湿杀虫。

食用技巧

夏季采摘新鲜嫩茎叶，焯水后凉拌食用或切碎制馅食用。

扁蓄可食部分

扁蓄焯水

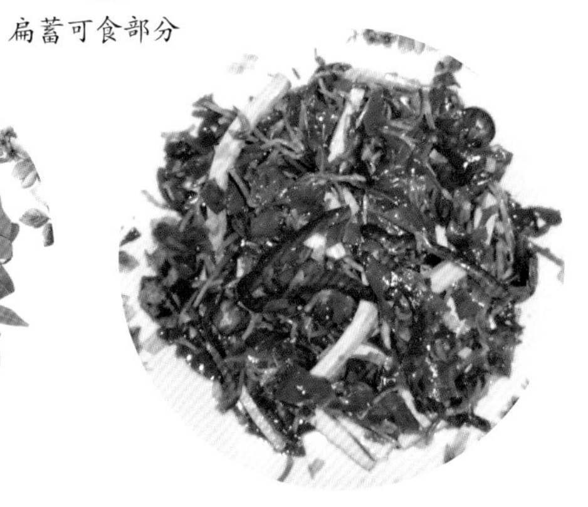

凉拌扁蓄

拓展认知

《神农本草经》记载："扁蓄。味辛平，主浸淫、疥瘙、疽痔，杀三。"

9. 沙蓬

学名：猪毛菜（*Salsola collina* Pall.）

别名：风滚草

蒙古名：哈木胡勒

蒙古文：ᠬᠠᠮᠬᠤᠯ

识别要点

猪毛菜为藜科猪毛菜属一年生草本植物，叶条状圆柱形，先端具小刺尖。内蒙古全区均有分布，为旱中生杂草，生长于农田、撂荒地。采摘幼嫩叶子，可焯水后凉拌食用，也可与白面、玉米面揉合后蒸食。

嫩茎叶

结果的猪毛菜

食材

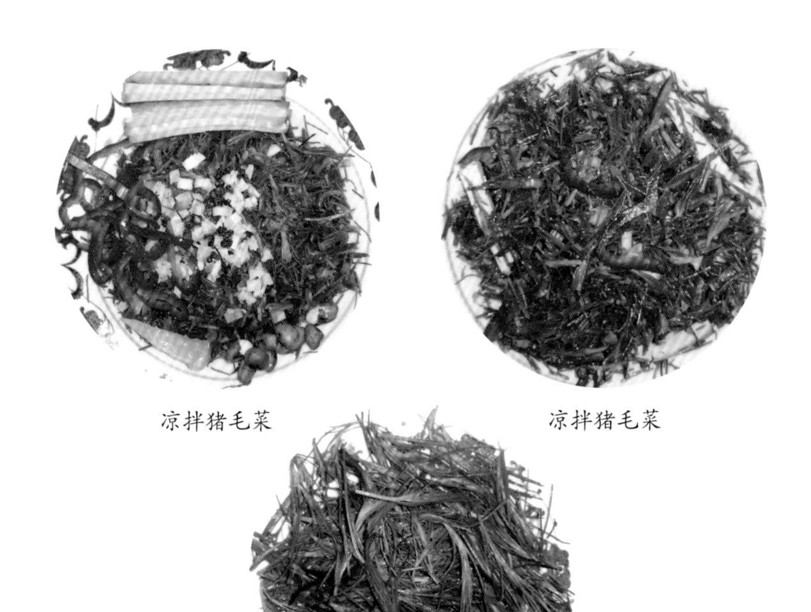

凉拌猪毛菜　　凉拌猪毛菜

焯水的猪毛菜

功　效

具有清热凉血、降血压的功效，主治高血压。

10. 灰菜

学名：藜（*Chenopodium album* L.）

别名：灰灰菜

蒙古名：诺伊勒

蒙古文：ᠨᠣᠶᠢᠯ

识别要点

藜为藜科藜属一年生中生草本植物，叶具白粉，全草黄绿色或顶端叶呈红色。内蒙古全区均有分布，生长于路旁、荒地、田间、菜园、村舍附近或有轻度盐碱的土地上，其种子与目前市场上出售的藜麦相同。

单株

嫩茎叶

食用技巧

采摘嫩茎叶，焯水后可凉拌食用或制馅食用，也可与粥一起熬食，或将新鲜茎叶洗净后涮食。

灰菜食材

涮食

灰菜焯水

配菜

炝锅凉拌灰菜

成型凉拌菜品

功 效

清热，利湿，杀虫。治痢疾，腹泻，湿疮痒疹，毒虫咬伤。

灰菜大拌

11. 山大黄

学名：大黄（*Rheum franzenbachii* Munt.）

别名：土大黄、黄参

蒙古名：宝勒森谢热

蒙古文：

识别要点

大黄是蓼科大黄属多年生植物，也是中药材的名称。分布于内蒙古中东部地区，秋末茎叶枯萎或次春发芽前采挖。除去细根，刮去外皮，切瓣或段，食用其嫩根茎。克什克腾旗著名的拔丝大黄是很好的食品，目前已制作成罐头，取名“红梗菜”。

大黄罐头

拔丝大黄

功　效

大黄具有攻积滞、清湿热、泻火、凉血、祛瘀、解毒等功效。

12. 老来红

学名：反枝苋

（*Amaranthus retroflexus* L.）

别名：雁来红、西风古，赤峰地区称其为“西天谷”

蒙古名：阿日白–诺高

蒙古文：ᠠᠷᠪᠠᠢ

识别要点

反枝苋为苋科苋属一年生草本植物，茎粗壮，绿色或红色，常分枝，幼时有毛或无毛。生长于撂荒地、田间及路旁，为中生杂草。

水洗

嫩茎叶

食用技巧

苋菜叶可蘸酱生食，可与其他蔬菜混合拌食，也可炒食或炖食，或辅助做汤面。苋菜菜身软滑，菜味浓，入口甘香。常见吃法有做各种馅、焯水后凉拌或拌汤等，有润肠胃、清热等功效。苋菜结实量大，繁殖速度快，因此在民间以吃苋菜寓意多子多孙。

可食部分　　焯水

配调料　　炝锅

拓展认知

《本草纲目》记载："赤苋亦谓之花苋，茎叶深赤，根茎亦可糟藏，食之甚美，味辛。"苋菜叶有粉绿色、红色、暗紫色或带紫斑色，故又分白苋、赤苋、紫苋、五色苋等数种，加之马齿苋，统称"六苋"。《本草纲目》记载："六苋，并利大小肠，治初痢，滑胎。"《本草衍义补遗》记载："苋，下血而又入血分，且善走，与马齿苋同服下胎，妙，临产时者食，易产。"

时蔬大拌

功　效

清热解毒，利尿除湿，通利大便。

凉拌苋菜粉条

凉拌苋菜

13. 马齿苋

学名： 马齿苋（*Portulaca oleracea* L.）

别名： 马苋、五行草、长命菜、太阳草

蒙古名： 那仁－诺高

蒙古文： ᠨᠠᠷᠠᠨ ᠨᠣᠭᠣᠭ᠎ᠠ

识别要点

马齿苋为马齿苋科马齿苋属一年生肉质草本植物，全株无毛。茎平卧，伏地铺散，枝淡绿色或带暗红色。叶互生，叶片扁平，肥厚，似马齿状，上面暗绿色，下面淡绿色或带暗红色。内蒙古各地均有分布，生长于菜园、农田、路旁，为田间常见杂草。生命力极强，除草后置于田埂，久经日晒而不死。

野生马齿苋

可食的马齿苋嫩茎叶

食用技巧

嫩茎叶可生食或焯水凉拌，可做馅食用，也可晒干食用。

拓展认知

《生草药性备要》记载："治红痢症，清热毒，洗痔疮疳疔。"《本草纲目》记载："散血消肿，利肠滑胎，解毒通淋，治产后虚汗。"

清洗　　焯水

配调料　　炝锅

功 效

全草可供药用，有清热利湿、解毒消肿、消炎、止渴、利尿的作用。

豆干凉拌马齿苋

马齿苋炒鸡蛋

蒜泥马齿苋

马齿苋包子

凉拌马齿苋

14. 五味子

学名： 五味子

（*Schisandra chinensis* Baill.）

别名： 北五味子、辽五味子、山花椒秧

蒙古名： 乌拉勒吉嘎纳

蒙古文： ᠤᠯᠠᠯᠵᠢᠭᠠᠨ᠎ᠠ

识别要点

五味子为木兰科五味子属木质落叶藤本植物，小枝具明显的皮孔。叶膜质，卵形，边缘疏生暗红腺体的幼齿。花单性，雌雄异株。雄蕊 5。浆果球形，成熟时深红色。耐阴中生植物，生长于阴湿山沟、林下，分布于内蒙古呼伦贝尔、兴安盟、通辽大青沟、赤峰南部、呼和浩特大青山、乌拉山。

人工种植五味子

五味子藤煮肉腌菜

食用技巧

果可生食，嫩茎可炖肉或腌制食用。

功　效

果实有敛肺、滋肾、止汗、涩精的功效。

五味子干果

15. 沙盖

学名： 沙芥（*Pugionium cornutum* L.）

别名： 山羊沙芥

蒙古名： 额勒森劳崩

蒙古文：

识别要点

沙芥为十字花科沙芥属一年生或二年生高大草本植物。根肉质，圆柱形，粗壮。茎直立，多分枝，光滑无毛，微具纵棱。叶肉质，基生叶莲座状，具长柄；叶片羽状全裂。分布于除呼伦贝尔外内蒙古全区，生长于草原地区的沙地或半固定与流动的沙丘上。嫩茎叶可生食、拌馅、炒菜，或腌食。在鄂尔多斯地区流传有“家有千万，不用沙盖就饭”的俗语，说明了沙芥具有很强的助消化的作用。

花

叶

沙芥植株

拓展认知

《内蒙古中草药》记载：“行气，止痛，消食，解毒。治消化不良，胸胁胀满，食物中毒。”

功　效

具止痛、消食、解毒之功效。

野生沙盖	14元
胡麻油拌手工豆芽	18元
虫草花拌菠菜	18[illegible]
老醋花生	18元
农家米凉粉	16元
东北大拉皮	16元
沾汁皮冻	18元
达西玛拌炒米	18元

沙盖菜谱

沙盖扎麻麻拌汤

腌沙盖

沙盖腌菜

16. 麻辣根

学名： 独行菜

（*Lepidium apetalum* Willd.）

别名： 腺茎独行菜、辣辣菜、辣辣根、辣麻麻

蒙古名： 哈伦－温都苏

蒙古文： ᠬᠠᠯᠠᠭᠤᠨ ᠦᠨᠳᠦᠰᠦ

识别要点

独行菜为十字花科独行菜属一年生或二年生草本植物。基生叶窄匙形，一回羽状浅裂或深裂。茎上部叶线形，有疏齿或全缘。分布于内蒙古全区，生长于路边、沟边，为喜碱性土地的杂草。

幼苗的全株

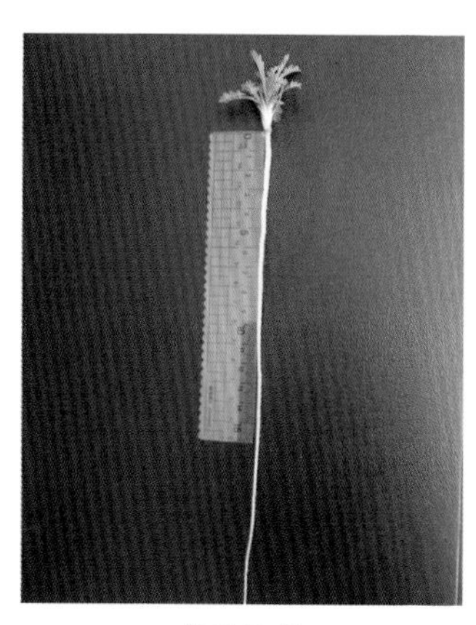

发达的根

食用技巧

早春采挖地下根茎，洗净泥土，切段（丁），用香油、盐、醋拌食，或直接生食，或用嫩根、茎叶做馅，功用同荠菜。一旦形成花葶，则不宜食用。

功效

有清热利尿、止咳、化痰的功效。

可食部分

可食的根茎叶

凉拌麻辣根

17. 荠菜

学名： 荠（*Capsella bursa-pastoris* L.）

别名： 荠菜

蒙古名： 阿布嘎－诺高

蒙古文：

识别要点

荠为十字花科荠属一年生或二年生草本植物，基生叶丛生呈莲座状，茎生叶窄披针形或披针形，总状花序顶生及腋生，花瓣白色。内蒙古全区均有分布，生长于田埂地畔及住宅旁。嫩茎叶可生食、凉拌或做馅食用。

拓展认知

张洁所写《挖荠菜》收录在中学课本，“大地春回、万物复苏的日子重新来临了！田野里长满了各种野菜：雪蒿、马齿苋、灰灰菜、野葱……最好吃的是荠菜。把它下在玉米糊糊里，再放上点盐花，真是无上的美味啊！”。

陆游写有“墙阴春荠老”。《本草纲目》记载：“荠菜粥，明目利肝。”

功　效

具有凉血止血、和脾、清热利水、消积、明目的功效。

可食部分

18. 费菜

学名：费菜（*Sedum aizoon* L.）

别名：土三七、四季还阳、景天三七、见血散

蒙古名：矛盖因－伊得

蒙古文：ᠮᠣᠭᠠᠢ ᠶᠢᠨ ᠢᠳᠡ

识别要点

费菜为景天科景天属多年生草本植物。茎直立，不分枝。叶互生，边缘具不整齐锯齿。聚伞花序顶生，萼片肉质，花瓣5，黄色。内蒙古全区均有分布，多生长于山地林缘、灌木丛及河岸草丛中。嫩茎叶可生食，或焯水凉拌，或做馅。

费菜

凉拌费菜

功　效

具散瘀止血、安神镇痛、防止血管硬化、降血脂、扩张脑血管、改善冠状动脉循环等功效。

19. 酸窝窝

学名： 瓦松〔*Orostachys fimbriatus* （Turcz.）Berg.〕

别名： 酸溜溜

蒙古名： 斯琴－额布斯

爱日格－额布斯

蒙古文：

识别要点

瓦松为景天科瓦松属二年生草本植物，全株粉绿色，密生紫红色斑点。第一年生莲座状叶短，中央有一刺尖；第二年生抽花茎。花序顶生，花瓣5，红色。分布于内蒙古全区，生长于石质山坡、草原低湿地、房顶瓦隙，故名“瓦松”。

食用技巧

嫩茎叶可生食，制馅。

功　效

活血，止血，敛疮。

野生的酸窝窝

20. 枯鲁芽

学名： 兴安升麻

（*Cimicifuga dahurica* Maxim.）

别名： 窟窿牙根、升麻

蒙古名： 查查嘎努日

蒙古文：

识别要点

兴安升麻是毛茛科升麻属多年生草本植物，基部木质化；茎圆柱形，单一。叶为二至三回羽状复叶，具长柄，边缘具不规则锯齿。复总状花序，花瓣5，白色。分布于内蒙古东部的森林中。春季采摘嫩茎叶，可蘸酱生食，或焯水凉拌，或炖菜。

毛利人称蕨菜为“考鲁芽”，是命名的巧合还是与中国有一定的人文渊源，值得考究。

枯鲁芽蘸酱菜

枯鲁芽土豆汤

素炒枯鲁芽

功 效

具疏风解表、活血舒筋等功效。

21. 河篦梳

学名： 鹅绒委陵菜

（*Potentilla anserine* L.）

别名： 蕨麻

蒙古名： 陶来音 – 汤乃

蒙古文： ᠲᠤᠯᠤᠢ ᠶᠢᠨ ᠲᠠᠩᠨᠠᠢ

识别要点

鹅绒委陵菜是蔷薇科委陵菜属多年生匍匐草本植物，不整齐羽状复叶，叶正面深绿，背后如羽毛，密生白细棉毛，宛若鹅绒。块根纺锤形或球形，棕褐色。茎细弱，紫红色。花单生叶腋，黄色。内蒙古全区均有分布，多生长于河滩沙地、潮湿草地、田边和路旁。春季采摘嫩茎叶，可生食或焯水后凉拌；秋季或早春挖其根块，煮粥，味道香甜可口，营养丰富。

嫩茎叶

焯水

凉拌河篦梳

功　效

具健脾益胃、生津止渴、收敛止血、益气补血的保健功效。

全株

22. 山荆子

学名：山荆子（*Malus baccata* L.）

别名：山丁子、林荆子

蒙古名：乌日勒

蒙古文：ᠦᠷᠯᠡ

识别要点

山荆子为蔷薇科苹果属落叶乔木，单叶互生，叶椭圆形，先端渐尖，基部楔形，边缘具细锯齿，伞形花序，花白色，果红色或黄色。分布于内蒙古中东部地区，生长于河岸、谷地、林缘及森林草原的沙地。

食用技巧

果实可食用，味甘酸，成熟时可生食、制成果酱或酿酒，嫩叶可制茶作饮品。

黄色山荆子果

山荆子花

功　效

生津利痰、健脾、止泻痢。

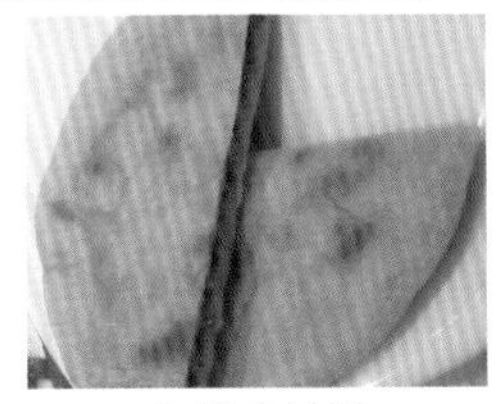

山荆子馅饼

23. 面面果

学名： 辽宁山楂

（*Crataegus sanguinea* Pall.）

别名： 红果山楂、面果果、面面果、白槎子

蒙古名： 花－道老纳

蒙古文： ᠬᠤᠸᠠ ᠳᠣᠯᠣᠨ᠎ᠠ

识别要点

辽宁山楂为蔷薇科山楂属落叶乔木，具枝刺，叶缘具羽状浅裂，伞房花序，花白色，果近球形，血红或橙黄，具小斑点。

分布于内蒙古中东部地区，生长于林区或草原区的山地、阴坡、半阳坡及河谷。

面面果花

红色的果

食用技巧

果成熟时可生食，或制酱、酿酒。

面面果饼

面面果饮料

功　效

降血脂，扩血管，开胃消食，活血化瘀。

24. 刺玫

学名： 山刺玫（*Rosa daviurica* Pall.）

别名： 刺玫果、刺玫、野玫瑰

蒙古名： 扎木日

蒙古文：

识别要点

山刺玫为蔷薇科蔷薇属落叶灌木，枝具皮刺，奇数羽状复叶，花瓣紫红色，味芳香，蔷薇果近球形，红色，平滑无毛，前端具宿存的花萼。分布于内蒙古中东部地区，生长于落叶阔叶林地带、草原或沙地。

全株

刺玫花蕾

食用技巧

花可入茶，也可制玫瑰酱，果成熟时可生食（种子毛刺嗓子，应去毛后食用），也可制果酱或酿酒。

刺玫果

刺玫干花

功 效

理气活血，调经健脾。

25. 稠李

学名： 稠李（*Prunus padus* L.）

别名： 臭李子、稠李子

蒙古名： 木衣勒

蒙古文： ᠮᠤᠶᠢᠯ

识别要点

稠李为蔷薇科李属落叶乔木，单叶互生，叶柄处有 2 个突起的腺点，叶缘具锯齿，总状花序下垂，花白色，核果黑色。分布于内蒙古东部，生长于河流两岸、山麓及沙地。

叶柄具两个腺点的叶

果枝

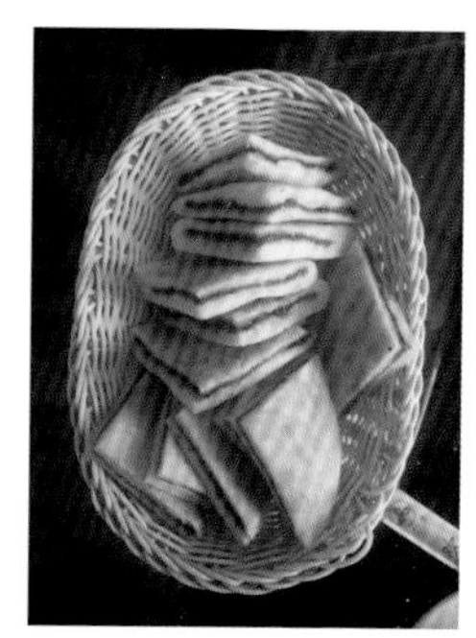

稠李子果饼

食用技巧

稠李果熟时经冻后可生食，味佳，不冻亦可生食，但相对生涩；果还可制果汁、果酱、果酒。

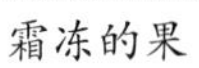

霜冻的果

市场出售的稠李子

功　效

消食化滞，清肝除热，生津止渴，利水便尿。

26. 钙果

学名：欧李（*Prunus humilis* Bunge）

别名：钙果、乌兰、酸丁

蒙古名：乌兰嘎纳

蒙古文：ᠤᠯᠠᠭᠠᠨᠠ

识别要点

欧李为蔷薇科李属的落叶小灌木，单叶互生，叶纸质，边缘具锯齿，花白色或粉色，核果近球形，红色。分布于内蒙古中西部地区，生长于山地灌丛、林缘、坡地及固定沙地。

传说北宋学者欧阳修出使契丹，品尝了契丹人招待的蜜渍李子，特别喜欢，因此契丹人将这种果子称为“欧李”。

可生食的果

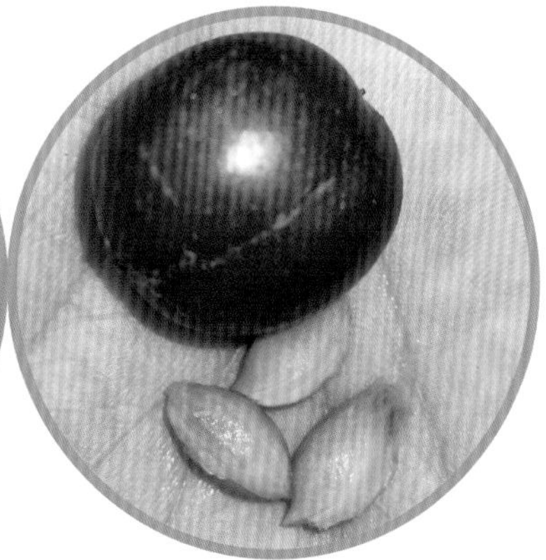

钙果与种子

食用技巧

果成熟时可生食，是著名的补钙植物资源，也可制罐头、果酱及果酒。

果枝

花

功　效

润燥滑肠，利尿，补钙。

27. 苜蓿

学名：紫花苜蓿（*Medicago sativa* L.）

别名：苜蓿

蒙古名：宝日－查日嘎苏

蒙古文：ᠪᠣᠷᠣ ᠴᠠᠷᠭᠠᠰᠤ

识别要点

紫花苜蓿是豆科苜蓿属多年生草本植物，多分枝，三出复叶小叶倒卵形或倒披针形，先端圆，中肋稍突出，上部叶缘有锯齿，两面有白色长柔毛。内蒙古全区都有栽培，或呈半野生状态。生长于田边、路旁、河岸及沟谷等地。嫩茎叶可生食、凉拌、做馅，或与肉、鸡蛋炒菜。

全株

苜蓿地

拓展认知

《本草纲目》记载：“安中利人，可久食。利五脏，轻身健人。”

凉拌苜蓿芽

功 效

具有排水利尿的功能，促进体内滞留水分的排除。对于女性生理期水肿、痛风患者的尿酸排除具有良好的效果。

28. 黄芪

学名： 黄芪

（*Astragalus membranaceus* Bunge）

别名： 膜荚黄芪、绵芪、黄耆、百本

蒙古名： 混其日

蒙古文： ᠬᠤᠩᠴᠢᠷ

识别要点

黄芪为豆科黄芪属多年生草本植物，茎直立，有细棱，被白色柔毛，单数羽状复叶，总状花序，花白色或乳黄色，荚果半椭圆形，膜质，稍膨胀。分布于内蒙古中东部地区，生长于森林草原的林间草甸。

根可食用，秋季采根，可炖肉、做汤；花可入茶。

开花全株

可食的根部

功　效

根具补气固表、托疮生肌、利尿消肿之功效。

29. 洋槐

学名：刺槐（*Robinia pseudoacacia* L.）

别名：洋槐、刺儿槐

蒙古名：乌日格斯图 - 红格日车格图 - 毛都

蒙古文：ᠦᠷᠭᠡᠰᠦᠲᠦ ᠬᠣᠩᠭᠣᠷᠴᠡᠭᠲᠦ ᠮᠣᠳᠣ

识别要点

刺槐为豆科刺槐属落叶乔木，叶基部具一对托叶刺，奇数羽状复叶，小叶先端微凹，具小刺尖，总状花序腋生，花白色，具芳香味。内蒙古中西部地区有栽种。

具两个托叶刺的枝

复叶

食用技巧

洋槐花可食，采摘后可煮粥、拌面或用鸡蛋炸食，也可蒸食或做馅，还可与茶叶制成花茶。

蒸食　洋槐花拌面蒸食　洋槐煎饼

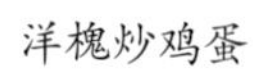

洋槐炒鸡蛋

洋槐花

开花的全株

功　效

止血。

30. 哈帽儿

学名：白刺（*Nitraria tangutorum* Bobr.）

别名：唐古特白刺、哈帽儿

蒙古名：唐古特－哈日莫格

蒙古文：ᠲᠠᠩᠭᠤᠲ ᠬᠠᠷᠮᠤᠭ

识别要点

白刺为蒺藜科白刺属灌木，叶肉质，枝白色，顶端硬化成刺，故名“白刺”。果成熟时浆果呈红色。因其生于沙漠中，果实鲜艳，味道甜蜜，又被称为“沙漠樱桃”。根部常寄生具有重要药用价值的植物锁阳。分布于内蒙古中西部地区，生长于一定盐碱化的滩地和沙地。

食用技巧

果可食用。成熟时采摘，可生食，味道酸甜，也可制果酱或酿酒。

功　效

健脾胃，调经活血。

可食的果——沙漠樱桃

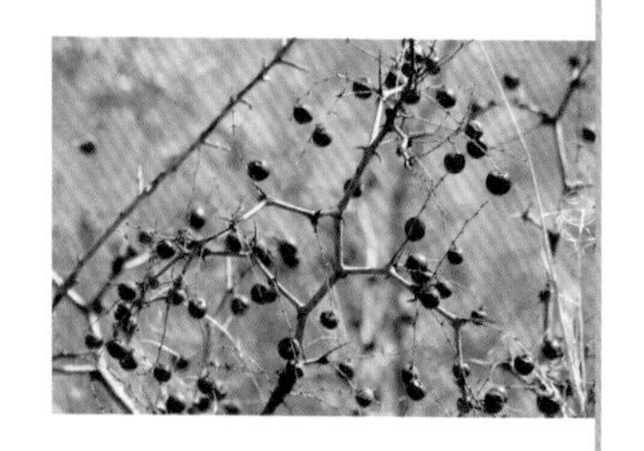

31. 酸枣

学名： 酸枣（*Zizyphus jujube* Mill.）

别名： 棘、黑圪针、黑刺、山枣

蒙古名： 哲日力格－查巴嘎

蒙古文： ᠵᠡᠷᠯᠢᠭ ᠴᠠᠪᠠᠭ᠎ᠠ

识别要点

酸枣为鼠李科枣属灌木，枝呈“之”字形，具长刺，单叶互生，三出脉明显，核果红色。分布于内蒙古中西部，生长于干燥平原、丘陵及山谷。所谓“披荆斩棘”就是指酸枣这种植物。

食用技巧

果成熟时可生食，也可酿酒，富含维生素。

沙枣饼

开花的全株

功　效

益气醒脾，镇静安神，养阴补虚。

32. 沙棘

学名： 中国沙棘（*Hippophae rhamnoides* L.）

别名： 沙棘、黑刺、醋柳、酸柳

蒙古名： 其查日嘎纳

蒙古文： ᠴᠢᠴᠠᠷᠭᠠᠨ᠎ᠠ

识别要点

中国沙棘为胡颓子科沙棘属灌木或小乔木，枝具棘刺，叶近对生，上面被银白色鳞片，下面密被银白色鳞片，核果橙黄色或赤红色。分布于内蒙古赤峰以西的地区，生长于山地沟壑、黄土丘陵和山麓。

食用技巧

果富含有机酸、维生素C、糖类，果可食用，可制作果汁、酿酒等。

市场出售的沙棘饮料

全株

中国沙棘

功　效

祛痰止咳，活血散瘀，消食化滞。

33. 沙枣

学名：沙枣（*Elaegnus angustifolia* L.）

别名：桂香柳、银柳

蒙古名：吉格德

蒙古文：ᠵᠢᠭᠳᠡ

识别要点

沙枣为胡颓子科胡颓子属落叶乔木，小枝被白色鳞片及星状毛，具枝刺，叶全缘，被银白色鳞片，上面灰绿，下面银白。核果熟时呈橙黄或紫红色。分布于内蒙古中西部地区，生长于河岸及沙地边缘。

食用技巧

果可食用，可生食或制馅；花具桂花香，可制蜜饯或熏制花茶。

功　效

健胃止泻、镇静。

果枝

34. 锁阳

学名： 锁阳（*Cynomorium songaricum* Rupr.）

别名： 地毛球、铁棒锤

蒙古名： 乌兰—高腰

蒙古文： [illegible]

识别要点

锁阳为锁阳科锁阳属寄生多年生草本植物，本身无叶绿素，寄生于白刺、霸王等寄主植物根部，露出地表为紫色的花体，叶鳞片状。分布于内蒙古中西部地区，生长于白刺、霸王等寄主植物根部。

食用技巧

春季叶萌发，采摘嫩叶焯水后，凉水浸泡 3 ～ 5 小时即可食用，可凉拌或制馅食用，其味略涩。

去皮锁阳

切丝凉拌

市场锁阳

全株

功 效

消肿止痛，收敛止血，清热解毒，利湿消肿。

35. 野芹菜

学名： 水芹（*Oenanthe javanica* Bl.）

别名： 水芹菜，野芹菜

蒙古名： 奥存－朝古日

蒙古文： ᠤᠰᠤᠨ ᠴᠤᠭᠤᠷ

识别要点

水芹是伞形科水芹属多年生草本植物，茎直立，圆柱形，有纵条纹。基生叶有柄，基部有叶鞘；叶片轮廓三角形。复伞形花序顶生；无总苞；伞辐不等长；萼齿线状披针形，花瓣白色，根状茎中空。内蒙古全区均有分布，喜湿润、肥沃土壤，耐涝及耐寒性强。该种为高产的野生水生蔬菜，以嫩茎和叶柄炒食，其味鲜美，也可焯水后拌食或制馅食用，早春采摘更为适宜。（切记水芹与毒芹的区别，不能误采误食。毒芹根状茎具节，节中有横隔，而水芹中空，建议不要擅自采集，或采摘后经当地有经验的居民识别后才可食用。）

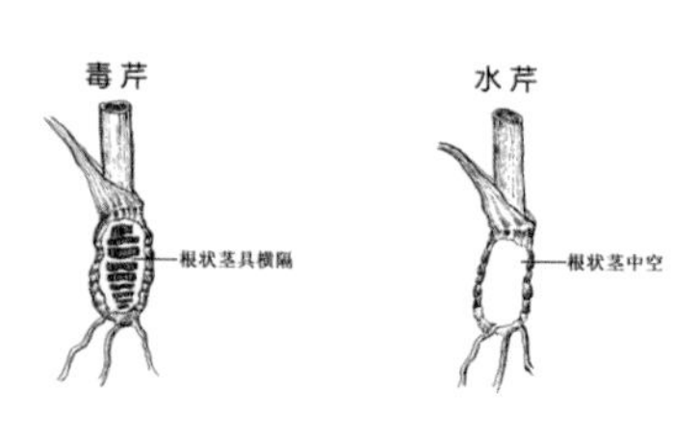

毒芹与水芹的区别

汆水芹

拓展认知

《本草纲目》记载："水芹生黑滑地（即泥炭土发育良好），食之不如高田者宜人，置酒酱中香美。"

陶弘景："（水芹）二月、三月作英时，可作菹及熟沦食之。又有渣芹，可为生菜，亦可生啖。"

功　效

有清热利湿、止血、降血压之功效。

36. 老山芹

学名： 防风

（*Saposhnikovia divaricata* Trucz.）

别名： 北防风、关防风

蒙古名： 疏古日根呐

蒙古文：

识别要点

防风是伞形科防风属多年生草本植物，根粗壮，细长圆柱形，淡黄棕色。茎单生，自基部分枝较多，与主茎近于等长，有细棱，基生叶丛生，有扁长的叶柄，基部有宽叶鞘。叶片卵形，有柄。复伞形花序多数，生于茎和分枝；花瓣白色。防风地上部分很像扫帚（蒙古文叫“疏古日”），其蒙古名也因此得名。内蒙古全区均有分布，生长于草原、丘陵、多砾石山坡。嫩茎叶焯水后可凉拌或炒菜食用，也可炖菜。

全株

拓展认知

《本草纲目》记载："三十六般风，去上焦风邪，头目滞气，经络留湿，一身骨节痛。除风去湿仙药。"

水焯山芹

木耳炒山芹

功　效

可发表、祛风胜湿、止痛，用于治感冒、头痛、周身关节痛、神经痛等症。

山芹豆腐汤

山芹罐头

37. 野山芹

学名： 峨参（*Anthriscus sylvestris*）

别名： 山胡萝卜缨子、土三七、田七、土白芷、土当归

蒙古名： 哈希勒吉

蒙古文：

识别要点

峨参为伞形科峨参属多年生草本植物。茎直立，中空，具纵棱。叶二至三回羽状全裂。复伞形花序。生长于林下或草甸。分布于内蒙古赤峰，乌兰察布以及锡林郭勒的东、西乌珠穆沁旗。

食用技巧

嫩茎叶可食，可炒食、凉拌、制馅等。

挖出根部的全株

山芹、金针、野鸡膀子

炒山芹

功　效

益气健脾，活血止痛，壮腰补肾。

38. 打碗花

学名：打碗花（*Calystegia hederacea* Wall.ex.Roxb.）

别名：小旋花、打碗碗花

蒙古名：阿牙根－其其格

蒙古文：ᠠᠶᠠᠭ᠎ᠠ ᠴᠡᠴᠡᠭ

识别要点

打碗花为旋花科打碗花属多年生草本植物。全体不被毛，植株通常矮小，常自基部分枝，具细长白色的根；茎细，有细棱；叶片基部心形或戟形；花腋生，花梗长于叶柄，苞片宽卵形。内蒙古全区均有分布，常见于农田、荒地及路旁，喜湿润的环境。打碗花食用部位为嫩茎叶和白色嫩根。春季采摘打碗花嫩茎叶，用开水焯后炒食、蒸食或做汤、馅均可。

拓展认知

《诗经·我行其野》："我行其野，言采其葍。不思旧姻，求尔新君。成不以富，亦祇以异。"其中，"葍"即为打碗花。

功 效

有健脾益气、利尿、调经活血、滋阴补虚的功效。

嫩茎叶

凉拌打碗花

39. 地环

学名： 甘露子

（*Stachys sieboldii* Miq.）

别名： 宝塔菜、地蚕、螺丝菜、小地梨

蒙古名： 阿木塔图 – 伊日归

蒙古文： ᠠᠮᠲᠠᠲᠤ ᠢᠷᠭᠤᠢ

识别要点

甘露子为唇形科水苏属多年生草本植物。根茎白色，节上有鳞片状叶及须根，顶端有螺丝状膨大块茎。茎四枝状。叶被毛。轮伞花序穗状花序。生长于河谷及低湿地，分布于内蒙古中部。

全株

地环腌菜

食用技巧

膨大的块茎可供食用，多用于制作酱菜、腌制咸菜或制作蜜饯。

功　效

祛风利湿，活血化瘀。

40. 地椒

学名：百里香

（*Thymus mongolicus* Ronn.）

别名：地椒椒、山椒

蒙古名：岗嘎－额布斯

蒙古文：ᠭᠠᠩᠭ᠎ᠠ ᠡᠪᠡᠰᠦ

识别要点

百里香为唇形科百里香属小半灌木，一般匍匐生长。叶条状披针形。轮伞花序紧密排列成头状，花冠唇形，上唇3齿，下唇2裂片，红色。

生长于草原干扰后的黄土地、沙壤土，分布于内蒙古全区。

全株

百里香炖羊肉

食用技巧

地上部分可用于与羊肉混炖，增加羊肉香味；嫩茎叶可以拌凉菜。

41. 薄荷

学名： 薄荷（*Mentha haplocalyx* Briq.）

别名： 银丹草

蒙古名： 巴得日阿西

蒙古文： ᠪᠠᠳᠠᠷᠠᠰᠢ

识别要点

薄荷为唇形科薄荷属多年生草本植物。茎直立，下部数节具纤细的须根及水平匍匐根状茎，锐四棱形，具4槽，上部被倒向微柔毛，下部仅沿棱上被微柔毛，多分枝。多生长于山野、湿地、河旁，根茎横生地下，是一种有特种经济价值的芳香作物，内蒙古全区均有分布。叶可生食或与牛肉炒菜，东部地区多作涮锅之菜和烧烤佐菜。

蘸菜

涮菜

拓展认知

《本草纲目》记载:“薄荷入手太阴、足厥阴,辛能发散,凉能清利,专于消风散热,故头痛、头风、眼目、咽喉、口齿诸病,小儿惊热及瘰疮疥,为要药。”

功　效

具祛风热、清头目、发汗解热之功效,治流行性感冒、头疼、目赤、身热、咽喉、牙床肿痛等症。

42. 苏子

学名： 紫苏（*Perilla frutescens* (L.)Britt.）

别名： 紫苏子

蒙古名： 哈日－麻嘎吉

蒙古文：

识别要点

紫苏为唇形科紫苏属一年生草本植物，茎直立，被长柔毛。叶两面绿色，边缘有粗锯齿。轮伞花序，具2花，排列成偏于一侧的总状花序。花冠白色至紫红色。一般为栽培植物，但野生有生长，内蒙古中东部地区有栽培和野生的，生长于林下，为中生植物。其叶称为苏子叶或紫苏叶，可生食、炒菜或作为火锅佐菜。

功　效

叶具有鲜表散寒、行气和胃的功效，可治风寒感冒、咳嗽、胸腹胀满和恶心呕吐。

43. 苁蓉

学名： 肉苁蓉

（*Cistanche deserticola* Ma.）

别名： 寸芸、苁蓉、大芸

蒙古名： 查干－高腰

蒙古文： ᠴᠠᠭᠠᠨ ᠭᠣᠶᠣ

识别要点

肉苁蓉为列当科肉苁蓉属高大草本植物，寄生于梭梭根上。叶鳞片状，花黄色或紫色，春季出土。主要分布于有梭梭生长的内蒙古西部地区的沙地上。未出土前采食，可切片生食、加糖拌食或与羊肉炖食，为大补之物，有“沙漠人参”之称。一般多用其切片泡药酒，有壮阳保健之功效。

近 2 米的肉苁蓉

寄生在梭梭根部的肉苁蓉

刚挖出的肉苁蓉

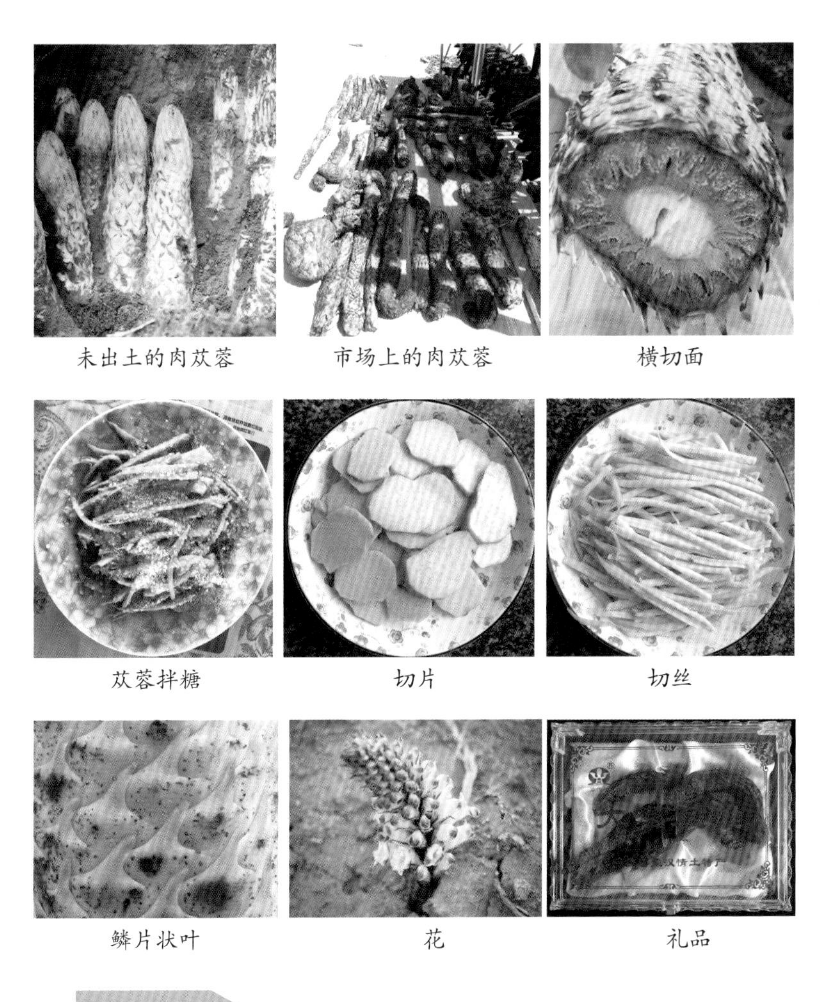

未出土的肉苁蓉　市场上的肉苁蓉　横切面

苁蓉拌糖　切片　切丝

鳞片状叶　花　礼品

拓展认知

《本草纲目》记载："此物补而不峻，故有从容之号。"

功　效

具补肾阳、益精血、润肠道、暖胃之功效。

44. 羊奶子

学名： 蓝靛果忍冬（*Lonicera caerulea* L.）

别名： 蓝莓

蒙古名： 呼和－达邻－哈力苏

蒙古文： ᠬᠥᠬᠡ ᠳᠠᠯᠢᠨ ᠬᠠᠯᠢᠰᠤ

识别要点

蓝靛果忍冬为忍冬科忍冬属落叶灌木，枝具剥落树皮，单叶对生，全缘，浆果球形或长椭圆形，黑色，具白粉。分布于内蒙古中东部地区，生长于山地杂木林中或溪边灌丛。

带果的全株

绿色的嫩果

食用技巧

果成熟时可生食，也可酿酒、制果酱。

功　效

助消化，提高免疫力，加快代谢。

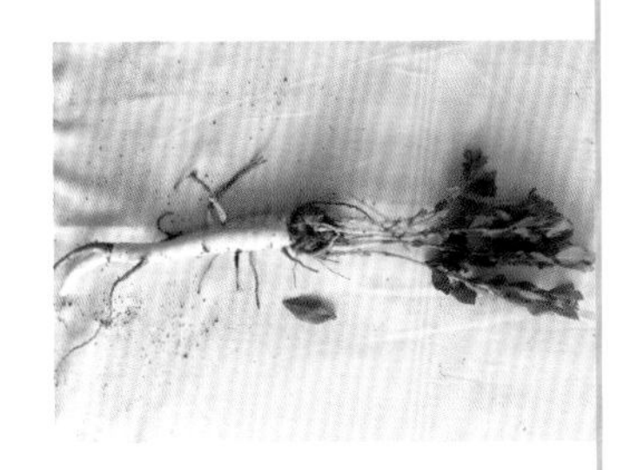

45. 桔梗

学名：桔梗（*Platycodon grandiflorus* Jacq.）

别名：包袱花、铃铛花、僧帽花

蒙古名：呼日盾－查干

蒙古文：ᠬᠤᠷᠳᠤᠨ ᠴᠠᠭᠠᠨ

识别要点

桔梗为桔梗科桔梗属多年生草本植物，全株有白色乳汁。茎不分枝，极少上部分枝。叶全部轮生，部分轮生至全部互生，叶片卵形，卵状椭圆形至披针形。花暗蓝色或暗紫白色。分布于内蒙古中东部的草地上。根部可食用，可腌制或生食，朝鲜咸菜中著名的桔梗菜就是最常见的食用方法。

由于桔梗根部为白色（查干），其疗效快（呼日盾），由此得名“呼日盾－查干”。

桔梗腌菜

全株

拓展认知

《本草纲目》记载："主口舌生疮，赤目肿痛。"

功　效

利咽，祛痰，排脓。用于咳嗽痰多，胸闷不畅，咽痛，音哑，肺痈吐脓。

46. 四叶菜

学名： 轮叶沙参〔*Adenophora tetraphylla*（Thunb.）Fisch.〕

别名： 四叶菜

蒙古名： 塔林－红胡－其其格

蒙古文： ᠲᠠᠯ᠎ᠠ ᠶᠢᠨ ᠬᠣᠩᠬᠣ ᠴᠡᠴᠡᠭ

识别要点

轮叶沙参为桔梗科沙参属多年生草本植物，茎直立，单一。茎生叶互生或四叶轮生，故称“四叶菜”。叶狭卵形或矩圆状狭卵形；萼钟状，裂片披针形，有毛；花冠紫蓝色。分布于内蒙古东部森林，生长于林下或林缘。叶可生食或做馅、冲汤，东北林区有著名小吃四叶菜包子。

四叶菜包子

全株

功　效

清肺养阴，消炎散肿。

47. 笃斯

学名： 笃斯越橘

（*Vaccinium uliginosum* L.）

别名： 都柿、蓝莓

蒙古名： 讷日苏

蒙古文：

识别要点

笃斯越橘为杜鹃花科越橘属落叶灌木，老枝皮丝状剥裂，单叶互生，叶纸质，浆果蓝紫色，被白粉。分布于内蒙古呼伦贝尔，生长于针叶林下、林缘及沼泽湿地。

食用技巧

果熟时可生食，也可制果酱、果酒、饮料等。内蒙古的蓝莓饮料是内蒙古宴席上不可缺少的饮品之一。

市场出售的越橘果酱

市场出售的越橘果酱

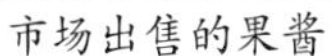
市场出售的果酱

原产地的饮料

市场出售的笃斯

采摘的果

市场出售的笃斯、稠李子

功　效

花青素含量高，抗氧化能力强，预防衰老，能增强免疫、软化血管。

48. 红豆

学名： 越橘（*V. vitis-idaea* L.）

别名： 牙疙瘩、红豆

蒙古名： 阿力日苏

蒙古文： ᠠᠯᠢᠷᠰᠤ

识别要点

越橘为杜鹃花科越橘属常绿小灌木，单叶互生，革质，全缘，上面深绿，下面淡绿，被腺点，浆果红色。分布于内蒙古的呼伦贝尔和兴安盟，生长于寒温性针叶林带的森林下。

红豆酒

红豆酒

花

食用技巧

果熟时可生食，也可制果酱、果酒、饮料等。大兴安岭的红豆酒是内蒙古较著名的果酒。

49. 沙奶奶

学名： 地梢瓜〔*Cynanchum thesioides*（Freyn）K.Schum〕

别名： 沙奶草、地瓜飘、地瓜瓜、敲瓜瓜

蒙古名： 特木根－呼呼

蒙古文： ᠲᠡᠮᠡᠭᠡᠨ ᠬᠥᠬᠥ

识别要点

地梢瓜为萝藦科鹅绒藤属多年生草本植物。叶对生，条形，全缘，具硬毛，全株具乳汁。聚伞花序腋生，花白色。蓇葖果单生，纺锤形，具乳汁。内蒙古全区均有分布，多生长于沙地、田埂等地。

食用技巧

嫩果可生食，也可腌制食用。忌多食，易中毒。

功　效

祛风解毒，健胃止痛。

50. 燕儿尾

学名：龙江风毛菊

（*Saussurea amurensis* Turcz.）

别名：燕儿尾

蒙古名：哈拉特日干那

蒙古文：ᠬᠠᠷᠠᠲᠠᠷᠭᠠᠨᠠ

识别要点

龙江风毛菊为菊科多年生草本植物，叶片宽披针形、长椭圆形或卵形，在茎上下延，具乳汁，小花粉紫色。分布于内蒙古东部森林及沟溪，生长于沼泽化草甸及草甸。

全株

嫩茎叶

食用技巧

在未开花前采摘，可蘸酱生食，也可炒菜或制成干菜炖食。

燕儿尾菊蘸酱

市场出售晒干的燕儿尾

功　效

清热燥湿，泻火解毒。主治湿热带下、口舌生疮和牙龈肿痛。

51. 牛蒡

学名：牛蒡（*Arctium lappa* L.）

别名：恶实、鼠枯草

蒙古名：希波—额布苏

蒙古文：ᠰᠢᠪᠦ ᠡᠪᠡᠰᠦ

识别要点

牛蒡为菊科牛蒡属多年生草本植物，高可达 1 米多，根肉质，呈纺锤形，基生叶丛生、大型，上面绿色，下面密被白色棉毛。头状花序单生于枝顶，花红紫色。分布于内蒙古全区，生长于村落路旁、山沟及撂荒地。

食用技巧

肉质直根可食用，可适量煮粥，也可与胡萝卜等做汤、炖肉。由于其药理作用明显，日本人将其作为疏散食用，称之为“东洋参”“蔬菜之王”。

功　效

疏散风热，宣肺透疹，散结解毒，降血糖。

52. 苦菜

学名： 苣荬菜（*Sonchus arvensis* L.）

别名：取麻菜、甜苣、苦菜

蒙古名： 嘎希棍－诺高

蒙古文： ᠭᠠᠰᠢᠭᠤᠨ ᠨᠣᠭᠣ

识别要点

苣荬菜为菊科苣荬菜属多年生草本植物，茎下部紫红色，具乳汁。单叶互生，半抱茎，具乳汁。头状花在茎顶成伞房状，花黄色。生长于田间地垄、路旁及下湿地边缘。为中生性杂草，分布于内蒙古全区。主食嫩叶或嫩茎，可生食蘸酱，也可焯水凉拌或切碎做馅。最宜春季采挖，也可夏天挖取整株，阴干后泡水喝或焯水后速冻，以备冬天食用。常见吃法有凉拌、蘸食和做馅，是内蒙古重要的也是最常见的清火败热之菜品。

花

彩椒苦菜

食用技巧

凉拌做法：去除老叶和根，留取嫩茎叶，开水锅中焯1～2分钟，捞出后用凉水浸泡，切丁或整株置入盘中，撒盐后拌匀。菜上放葱花、蒜末和生花椒，炝锅后倒在花椒上，或将上述调料直接炝锅放在菜上，之后可根据口味倒入少许醋和酱油，可配西红柿、黄瓜、豆干等，拌匀即可食用。

苦菜炖炖

圆白菜拌苦菜

苦菜蘸酱

苦菜时蔬拼盘

扎麻花炝苦菜

苦菜大拌

凉拌苦菜

功 效

清热解毒，消肿排脓，祛瘀止痛。

53. 苦苣

学名： 乳苣（*Mulgedium tataricum* L.）

别名： 蒙山莴苣，紫花山莴苣，苦菜

蒙古名： 嘎轮 – 伊得日

蒙古文： ᠭᠠᠯᠤᠨ ᠢᠳᠡᠷ

识别要点

乳苣是菊科乳苣属多年生中生草本植物，茎直立，具纵沟棱。叶稍肉质，灰绿色，具乳汁。花紫色。内蒙古全区均有分布，生长于河滩、湖边、草甸、田边、固定沙丘或砾石地。嫩苗可食用，味较苣荬菜更苦，开水焯后，用凉水浸泡，可凉拌或者腌制食用，也可做馅食用，食用同苣荬菜。

市场出售的苦苣

功 效

有清热、解毒、活血、排脓和降压等功效。

54. 刺儿菜

学名： 刺儿菜（*Cirsium setosum* Bung.）

别名： 小蓟、刺蓟

蒙古名： 巴嘎－阿扎日干那

蒙古文： ᠪᠠᠭ᠎ᠠ ᠠᠵᠠᠷᠭᠠᠨ᠎ᠠ

识别要点

刺儿菜是菊科蓟属多年生草本植物，茎直立，幼茎被白色蛛丝状毛，具纵沟棱。叶互生，叶边缘具刺，两面有疏密不等的白色蛛丝状毛。花冠紫红色。内蒙古全区均有分布，生长于路旁和撂荒地。嫩茎叶可食，焯水后可凉拌或做馅。

嫩根茎叶

全株

功　效

具凉血止血、祛瘀消肿的功效。

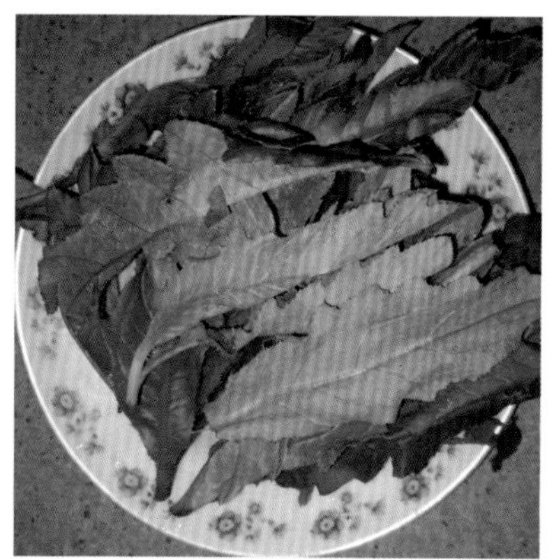

可食部分

刺儿菜焯水

凉拌刺儿菜

配菜

55. 婆婆丁

学名： 蒲公英（*Taraxacum mongolicum* Hand.-Mazz.）

别名： 黄花地丁、姑姑英

蒙古名： 巴格巴盖－其其格

蒙古文： ᠪᠠᠭᠪᠠᠭᠠᠢ ᠴᠡᠴᠡᠭ

识别要点

蒲公英是菊科蒲公英属多年生草本植物。根圆锥状，表面棕褐色，皱缩，叶边缘有时具波状齿或羽状深裂，基部渐狭成叶柄，叶柄及主脉常带红紫色，头状花序，种子上有白色冠毛结成的绒球。种类较多，叶型变化较大，均可食用。内蒙古全区均有分布，根、茎、叶均可食，可蘸酱生食、焯水后凉拌、晾干泡水或做馅等食用。

野生的婆婆丁

果序

拓展认知

《神农本草经疏》记载：“当是入肝入胃解热凉血之要药。”

蒲公英蘸酱菜

可食的嫩叶

蘸菜

蒲公英茶

功　效

具清热解毒、利尿散结之功效。

56. 茵陈

学名： 茵陈

（*Artemisia capillaris* Thunb.）

别名： 牛至、白毫、耗子爪、绒蒿、细叶青蒿

蒙古名： 文吉木乐—希勒日及

蒙古文：

识别要点

茵陈是菊科蒿属多年生草本植物，根茎斜生，其节上具纤细的须根，多少木质。茎直立或近基部伏地，多少带紫色，叶具柄，被柔毛，叶片卵圆形或长圆状卵圆形；苞叶大多无柄，常带紫色。蒿经冬不死，春因陈根而生，故名“因陈”或“茵陈”。生长于田边、宅旁的杂草，内蒙古全区均有分布。茵陈做菜，要采嫩苗，可生食或焯水凉拌。

功　效

有利胆退黄、保护肝功能、解热、抗炎、降血脂、降压、扩冠等功效。

57. 柳蒿芽

学名：柳叶蒿（*Artemisia integrifolia* L.）

别名：柳蒿

蒙古名：乌达力格－协日乐吉

蒙古文：

识别要点

柳叶蒿是菊科蒿属多年生草本植物，叶无柄，不分裂，全缘或边缘具稀疏深或浅锯齿或裂齿，上面暗绿色，初时被灰白色短柔毛，后脱落无毛或近无毛，背面除叶脉外密被灰白色密绒毛，主根明显。嫩茎叶可炒食、蘸酱或做馅、做汤及菜团。柳蒿芽炖排骨是达斡尔族的传统美食。

柳蒿蘸酱菜

嫩芽

柳蒿

市场出售的干柳蒿芽

柳蒿菜团子

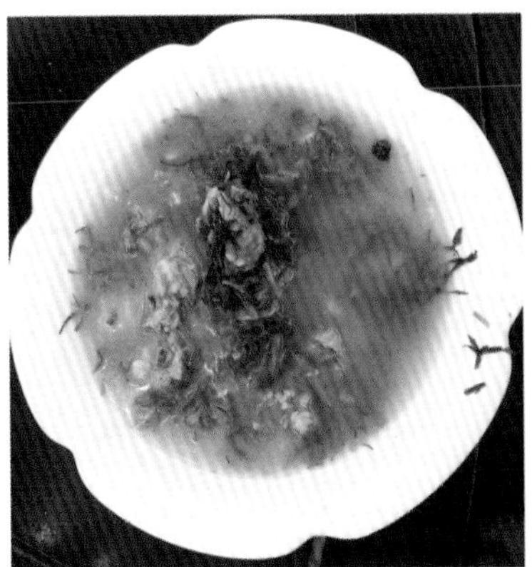

柳蒿芽排骨汤

功 效

有破血行淤、下气通络之疗效。

市场出售的柳蒿芽

58. 洋姜

学名： 菊芋（*Helianthus tuberosus* L.）

别名： 鬼子姜、洋地梨儿

蒙古名： 那日图－图木苏

蒙古文： ᠨᠠᠷᠠᠲᠤ ᠲᠦᠮᠦᠰᠦ

识别要点

菊芋为菊科向日葵属多年生块状地下茎草本植物。基部叶对生，上部叶互生，叶缘具粗锯齿，具离基三出脉，有短硬毛。头状花序单生于枝端，黄色，有苞叶 1 ~ 2。属北美引进种，目前有逸生现象，块茎富含淀粉，可食用，可制酱菜或咸菜，也可煮食、熬粥或用于酿酒。

野生的洋姜

红色的地下块根

白色的地下块根

食用咸菜

酱菜

腌菜

功　效

利水除湿，清热凉血，益胃和中，对糖尿病有良好的治疗作用。

59. 黄精

学名： 黄精

（*Polygonatum sibiricum* Delar.）

别名： 鸡头黄精、黄鸡菜、爪子参、老虎姜、鸡爪参

蒙古名： 冒呼日－查干

蒙古文： ᠮᠣᠬᠤᠷ ᠴᠠᠭᠠᠨ

识别要点

黄精为百合科黄精属多年生草本植物，根茎横走，圆柱状，结节膨大。叶轮生，无柄。内蒙古全区均有分布。生长于生林下、灌丛或山坡阴处。李时珍曰：“黄精为服食要药。”列于草部之首，仙家以为芝草之类，以其得坤土之精粹，故谓之黄精。主食根部，性味甘甜，蒸晒后与羊肉或鸡肉做炖菜，可补气养阴；孕妇食用可促进乳汁分泌；具健脾、润肺、益肾之功效，可生食或泡酒保健。

9 年黄精根

60. 扎麻麻

学名： 细叶韭（*Allium tenuissimum* L.）

别名： 扎蒙蒙花、扎芒

蒙古名： 扎芒

蒙古文： ᠵᠠᠮᠠᠩ

识别要点

细叶韭为百合科葱属多年生草本植物，鳞茎数枚聚生，近圆柱状；叶半圆柱状至近圆柱状，与花葶近等长。花葶圆柱状，具细纵棱。内蒙古全区均有分布，生长于草原、丘陵地带。花是良好的调味品，内蒙古西部的一碗扎麻麻花拌汤和饹锅面香飘满屋。可用扎麻麻花炝锅拌苦菜、拌豆芽，也可用扎麻麻花炝锅做莜面汤。

晾晒的扎麻麻花

花

炝锅的扎麻麻花

沙盖扎麻麻拌汤

扎麻麻花拌汤

扎麻麻花炝蔓菁丝

扎麻麻花萝卜

扎麻麻花拌豆芽

莜面扎麻麻花凉汤

扎麻麻花炝豆芽

61. 金针

学名：黄花菜

（*Hemerocallis citrina* Baroni.）

别名：金针菜

蒙古名：哲日利格－谢日－其其格

蒙古文：ᠵᠡᠷᠯᠢᠭ ᠰᠢᠷ᠎ᠠ ᠴᠡᠴᠡᠭ

识别要点

黄花菜为百合科萱草属多年生草本植物，叶基生，花葶多个，长于叶或近等长，花序不分枝或稀为二枝状分枝，常具1～2花，花被黄或淡黄色花。内蒙古全区均有分布，生长于草地或林内。花经蒸晒可食用，又称“金针菜”，食前须用水煮，常见吃法有金针炒肉丝、金针粉汤、金针面片等。

金针山珍面

蘸菜

拓展认知

《本草纲目》记载："宽胸膈，安五脏，安寐解郁，清热养心。"

晾干的花

新鲜的花

肉炒金针

功　效

养血平肝，利尿消肿。

62. 沙葱

学名： 蒙古韭（*Allium mongolicum* Regel）

别名： 沙葱、蒙古葱

蒙古名： 呼木勒

蒙古文： ᠬᠤᠮᠤᠯ

识别要点

蒙古韭是百合科葱属多年生草本植物。鳞茎密集地丛生，圆柱状；鳞茎外皮褐黄色，破裂呈纤维状，呈松散的纤维状。叶半圆柱状至圆柱状，比花葶短。花葶圆柱状，下部被叶鞘。分布于内蒙古中西部沙化地区，生长于荒漠、沙地或干旱山坡。蒙古韭的叶及花可食用，味辛辣。用新鲜嫩叶可凉拌、油炒或肉炒及做馅。制成沙葱罐头可延长其保存时间。沙葱是蒙古民族重要的野菜，沙葱馅包子、沙葱炒鸡蛋、土豆泥拌沙葱等早已成为招待客人时餐桌上的美味了。

沙葱的花

沙葱土豆泥

市场出售的沙葱

食用技巧

具体食用方法有凉拌沙葱、沙葱包子、沙葱饺子、沙葱烧卖、沙葱肉粥、沙葱涮羊肉、沙葱拌汤、沙葱炒鸡蛋等。北京东来顺的羊肉就因取自有沙葱分布的苏尼特羊肉而出名。

沙葱羊棒骨

沙葱面

沙葱干羊肉炒饭

沙葱干羊肉

现拌沙葱

沙葱炒肉

沙葱炒鸡蛋

沙葱包子

功 效

能开胃，消食，杀虫，发汗，散寒，消肿，健胃。主治伤风感冒，头痛发烧，腹部冷痛，消化不良。

沙葱土豆丝

沙葱烧卖

沙葱玻璃饺子

凉拌腌沙葱

沙葱干羊肉面

凉拌沙葱花生米

沙葱羊肉饺子

沙葱腌酸白菜

炝锅拌沙葱

炝炒沙葱

沙葱活抓豆芽

沙葱羊肉卷

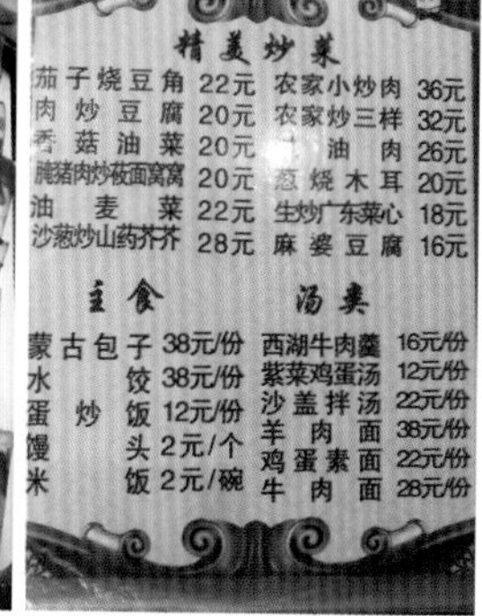

餐桌上的沙葱

沙葱炖羊肉

沙葱炒羊肉

腌沙葱炒鸡蛋

63. 野韭菜

学名： 野韭（*Allium ramosum* L.）

别名： 山韭、起阳草

蒙古名： 哲日利格－高戈得

蒙古文：

识别要点

野韭为百合科葱属多年生草本植物。鳞茎圆柱形，簇生；叶基生，三棱状条形，短于花葶，花白色。内蒙古全区均有分布，生长于草原或山坡。叶可食用，可炒食、做汤或做馅。野韭菜馅饼，味道浓烈，比韭菜更有味；其花可制酱，代韭菜花用作蘸料。草原上的人们把野韭的花碾碎之后放些盐制作成“索日苏”（韭菜花），可做蘸料，是蒙古族传统美食手把肉必不可少的作料之一。

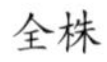

全株

野韭花

功　效

性温热，补肾益阳，暖胃除湿，理气行瘀，散血解毒。

野韭菜花泥　　山韭素饸子　　山韭馅饼

山韭饸子　　山韭炒鸡蛋

山韭炒肉

64. 寒葱

学名： 茖葱（*Allium victorialis*）

别名： 山葱、格葱、天非、旱葱

蒙古名： 哈力牙日（春天早发芽）

蒙古文： ᠬᠠᠯᠢᠶᠠᠷ

识别要点

茖葱为百合科葱属多年生中生草本植物，鳞茎近圆柱形，外皮破裂成纤维状。叶 2 ~ 3，倒披针形或宽椭圆形。花序球状，花白色。生长于山地林下、林间草甸及林缘，分布于内蒙古东中部。

食用技巧

嫩茎叶可食，可炒食或制馅食用。

炒茖葱

功　效

止血、散瘀，主治高血压等。

林下寒葱

65. 小根蒜

学名： 薤白（*Allium macrostemon*）

别名： 野蒜、野葱、细韭

蒙古名： 陶格套苏

蒙古文： ᠲᠣᠭᠣᠲᠠᠰᠤ

识别要点

薤白为百合科葱属多年生草本植物。鳞茎近球形。叶半圆柱状，中空。花葶圆柱状，伞形花序球状，花淡红色或红色。生长于山地林缘、沟谷草甸，分布于内蒙古全区。

食用技巧

鳞茎或叶可生食，也可凉拌或炒食。

炒薤白

功　效

理气宽胸，通阳散结。

66. 山苞米

学名： 龙须菜（*Asparagus schoberioedes*）

别名： 雉隐天冬

蒙古名： 伊德喜音－和日言－努都

蒙古文：

识别要点

龙须菜为百合科天门冬属多年生草本植物，茎直立、光滑。叶状枝2～6簇生，鳞片叶近披针形。花2～4朵腋生。浆果深红色。生长于阴坡林下、林缘、草甸和山地草原，分布于内蒙古中东部。

全株

腌制的山苞米

食用技巧

嫩茎叶可食，可炒食、凉拌或制馅。

腌前盐浸制

腌山苞米

山野菜宴

功　效

润肺降气，止血利尿。

67. 地皮菜

学名：地木耳（*Nostoc commune*）

别名：地皮菜、地耳

蒙古名：嘎扎仁—得力杜

蒙古文：ᠭᠠᠵᠠᠷ ᠤᠨ ᠳᠡᠯᠳᠦ

识别要点

地木耳为念珠藻科念珠藻属真菌和藻类的结合体，一般生长于草原，干燥时呈纸状，湿时呈肥厚胶状的贴地生长形似木耳的植物。

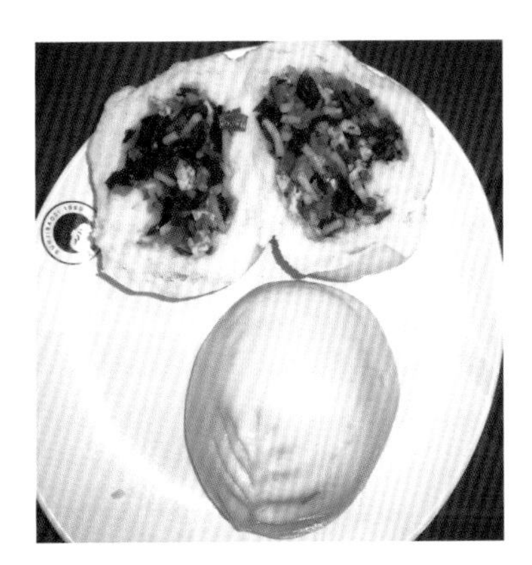

地皮菜包子

地皮菜青椒炒鸡蛋

食用技巧

干时或湿时均可采摘，洗净去杂质后，可用醋拌生食，或用之炒鸡蛋、制馅，地皮菜、沙葱、羊肉饺子或包子是农区新小麦或新鲜羊肉下来时的美味。

功　效

清热明目，收敛益气。

捡净的地皮菜

地皮菜炒鸡蛋

68. 发菜

学名： 发状念珠藻

（*Nostoc flagelliforme* Born.）

别名： 地毛

蒙古名： 乌孙—诺高

蒙古文： ᠤᠰᠤᠨ ᠨᠣᠭᠣᠭ᠎ᠠ

识别要点

发状念珠藻为发状念珠藻科念珠藻属陆生藻类。细胞全体呈黑蓝色。藻体因其形如乱发，颜色乌黑，得名“发菜”，也被人称为“地毛”。主要生长于荒漠、荒漠化草原，分布于鄂尔多斯、乌拉特及阿拉善地区。由于其量小珍贵，一般仅用做汤配料，称为“发菜汤”。

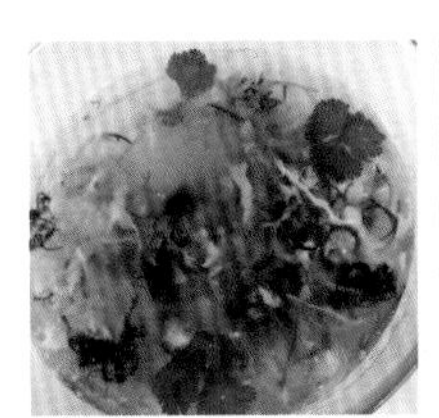

发菜汤

采摘的发菜

发菜刺参

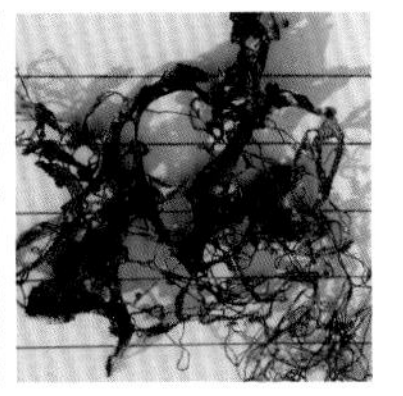

全株

功　效

具清热化痰，调节肠胃功能，降血压、血脂和神经功能调节之功效。

69. 木耳

学名：黑木耳〔*Auricularia auricula*（L.ex Hook.）Underwood〕

别名：木菌、树耳

蒙古名：德勒都

蒙古文：ᠳᠡᠯᠳᠦ

识别要点

黑木耳是真菌类木耳科木耳属植物。种子实体呈耳状、叶状或杯状，边缘呈波浪状，以侧生的短柄或狭细的附着部固着于基质上。色泽黑褐，质地柔软呈胶质状，薄而有弹性，湿润时半透明，干燥时收缩变为脆硬的角质，近似革质。

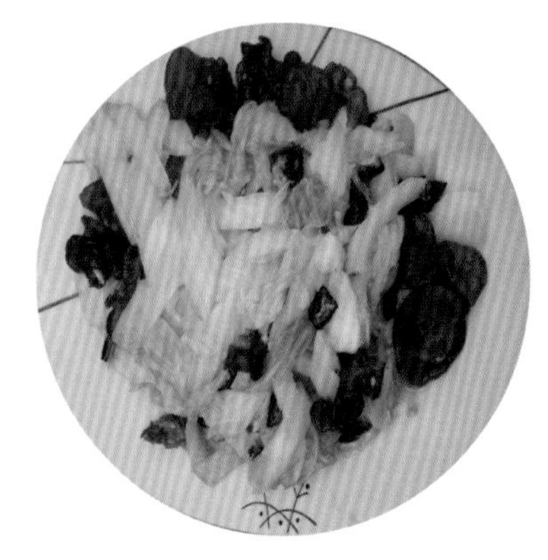

木耳炒白菜

双耳炒肉片

食用技巧

木耳腐生在白桦、栎树、针叶树枯死的树木枝干上，其状扁平，形如人耳，故名“木耳”。在内蒙古全区有森林潮湿的环境中均有分布，是著名的可食用植物。可晒干后焯水生食、做馅、炒食、凉拌。常见的木苜肉、过油肉土豆等菜中均将木耳作为食材而食用。

焯水后的木耳

功　效

具有补气养血、润肺、止血、降压的功效。

70. 蘑菇

学名：（*Agaricus campestris*）

蒙古名：蘑菇

蒙古文：ᠮᠥᠭᠡ

识别要点

蘑菇是大型真菌的一类，由菌丝体和子实体两部分组成，菌丝体是营养器官，子实体是繁殖器官。我们食用的部位是子实体，由 5 部分组成，分别为菌盖、菌柄、菌褶、菌环、假菌根等。有两大类，分别为有菌褶的蘑菇类和蜂窝状的牛肝菌类。

喇叭蘑

红松伞

刚收获的蘑菇

食用技巧

在内蒙古有非常著名的可食用菌类，如大兴安岭的黏团子、榛蘑，草原白蘑，红花尔基的红蘑和贺兰山蘑等。但提醒大家，要在有采摘和加工经验的人员指导下谨慎食用。

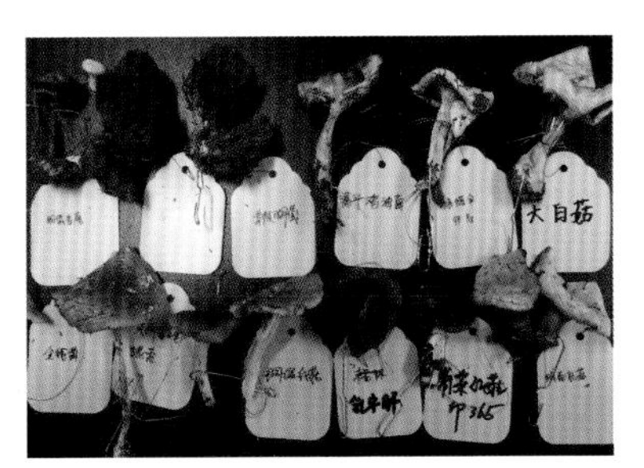

蘑菇资源

草原黑蘑背面

杨树蘑

血蘑

猴头菇

蘑菇

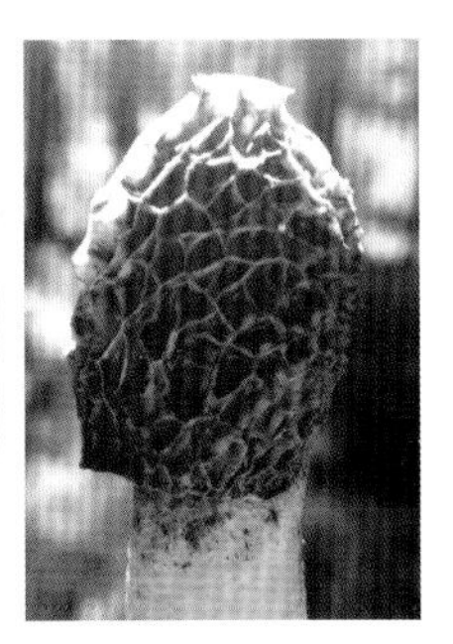

羊肚菌

炒鸡爪蘑

喀拉沁落叶松小灰蘑

小鸡炖蘑菇

木耳蘑

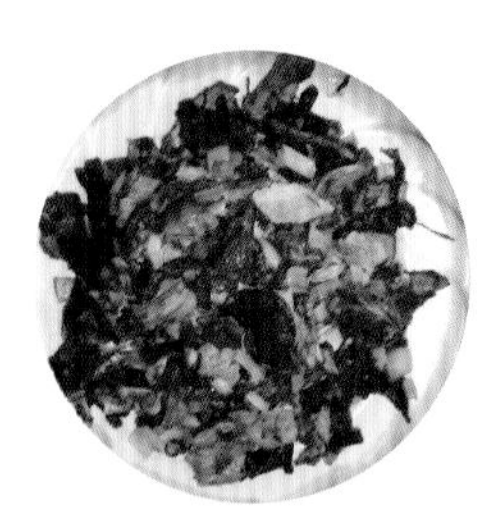

肉片炒蘑菇

杨树蘑菜

木耳蘑

滑炒蘑菇

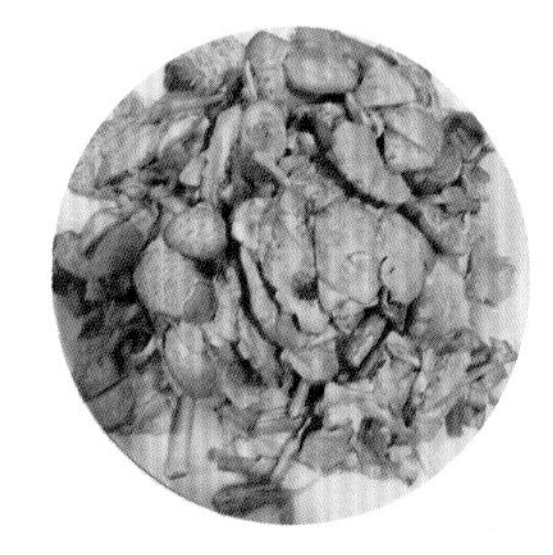

白蘑

素炒蘑菇

丰富的蘑菇

待售的红蘑

榛蘑

木耳蘑

蘑菇

晒蘑菇

鸡爪子白花脸

天花板

后记

2020年2月1日，新型冠状病毒疫情加重，居家无事，正好手头有《内蒙古野菜之味》的初稿，倍感激动。窝居在家，日夜赶写，反复校对，终于在2020年2月10日完成了整个书稿。

内蒙古自治区地域辽阔，风俗与习惯各异，一方水土养育一方人，人们在与大自然和谐共处的过程中，发现了众多的人类可食用的野生植物。在今天瓜果蔬菜品种极度发达的情况下，人们仍沿袭着古老的习俗，对大自然赠予的山野菜情有独钟。

由于本人经历和材料收集有限，一些山野菜和野果等没有收入本书，如枸杞、花楸、水飞蓟、文冠果、草苁蓉等可食的野菜类植物，应进一步核实，加以收录。这是遗憾，但有此经历，也促使我下一步专项开展和挖掘内蒙古的野菜，以丰富内蒙古人民的餐桌菜品，做有益于人们健康的事情。

本着果蔬不分家的指导思想，本次把山丁子、稠李、白刺、笃斯等野果的种类也纳入书中，特此说明。

书虽已完成，也比我申报项目时增加了种类和食用方法，但在种类、食用方法和对人体的益处方面还需进一步加强，特别是在时间可能的情况下，再进行补充和完善。

在此要再次对为此书做出贡献和提出宝贵意见的同仁和朋友表示诚挚的谢意。

感谢内蒙古科学技术协会的包桂琴老师、蔚瑛老师，感谢远方出版社的董老师，感谢鄂尔多斯野生动植物保护站的张志坚站长，感谢内蒙古罕山国家自然保护区的钱宏远局长，感谢兴安盟扎赉特旗额尔吐林场的全喜场长，感谢阿拉善右旗治沙站的李庆恩站长。

在此疫情严重的情况下，愿中华国运昌盛，愿人民健康长寿。

2020 年 2 月 10 日